作者序

「Never gonna give you up, never gonna let you down.」當你遇到挫折或困難，總有個人不會放棄你，陪著你渡過難關，讓你鼓起勇氣探索這個世界。

這本書陪孩子一起開啟對科學的想像，同時認識生活中的科學。我們跟隨著小海獺嘿太的腳步，一起踏上極光之旅，認識到太陽帶給我們的不只是光，原來地球的磁場一直在保護我們免受太陽風的威脅，最後到北極觀賞自然的奇妙景觀，瞭解極光形成的原因。

感謝新竹實驗中學陳其威老師在初步企劃時提供以光柵製作繪本的想法，讓本書可以更活潑的方式呈現。透過光柵，不僅能讓靜態的圖變得生動，也讓書中呈現的科學現象更清楚。

這本書非常適合讓大人和孩子一起閱讀，倘佯在奇妙的科學世界。不僅是孩子，大人也能重新以最單純的方式來認識科學。

關於作者

王均豪，師大物理系畢業。
喜歡的卡通是《瑞克與莫蒂》
喜歡的歌手是瑞克艾斯里，
興趣是了解各種新銳科技。

Instagram：haohao_meme

關於繪者

Dabibi，全職插畫家。
專注於繪本故事創作，喜歡觀察生活細節，盼望能以溫柔堅定的力量療癒每個路過的靈魂。

Instagram：dabibigogo

小海獺的極光之旅

文 / 王均豪 圖 /Dabibi

大樹林出版社

如何使用光柵板？

1 取出書內的光柵板。

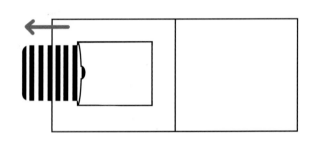

2 確認光柵板上的條紋是直的。

3 向右拉動，觀看光柵動畫。

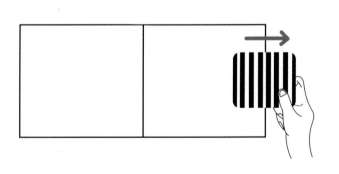

4 利用小技巧，讓動畫更清楚。

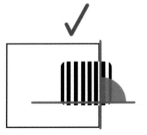 ✓  ✗

● 保持光柵條紋
與水平面垂直不歪斜。

● 慢慢拉動不要急，
讓每個動作更明顯。

把光柵板放在這裡試試看吧！

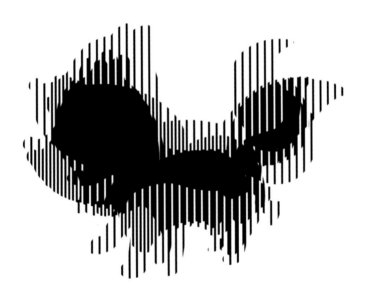

有看清楚以上四個動作嗎？ 故事要開始囉！

寧靜的海岸邊，
住著一隻叫做嘿太的小海獺。
有一天，嘿太在岸邊發現了
一個巨大的貝殼。

好奇的嘿太
拿起石頭敲啊敲。

突然間，貝殼打開了！
一陣閃耀的光芒
從裡面散發出來。

一個藍色生物
從光芒中浮現出來。

「謝謝你拯救了我。」

話一說完，
藍色生物就
消失不見了。

這時候，
嘿太眼前出現一盒禮物。
打開禮物後，發現裡面
是一張極光之旅的機票！

SEA OTTER AIRLINES

BOARDING PASS ECONOMY CLASS

NAME:	GATE:	FLIGHT:	TIME:
HAE-DAL	01	SO 501	08:30

BOARDING PASS

嘿太來到機場， 看到一群海獺，
大家都帶著行李在排隊。
他們都是來參加極光之旅的嗎？

「各位旅客，歡迎搭乘海獺航空，
請繫好安全帶，我們即將出發。」
來自海獺機長的聲音，從廣播傳了出來。

飛機朝向天空飛去，突破了雲層，
接著又穿越了層層的大氣。

「我們即將前往第一站——太陽。」
飛機變成一艘太空船，
朝著太陽的方向前進。

空服員發給每位乘客一副墨鏡。
「請大家不要直視太陽，眼睛會受傷。」

只見太陽張大了嘴，「呼～」一聲，
吹出了好多圓滾滾的東西。

海獺機長說：「這些圓圓的東西叫做帶電粒子，它們會往地球的方向飛去。大家坐穩了，我們現在要追上去。」

太空船追著帶電粒子，
回到了地球上空。

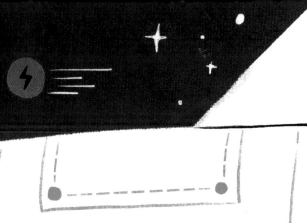
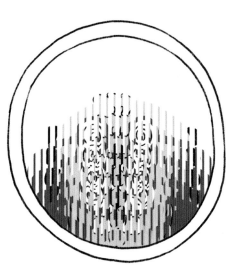

每ㄇㄟˇ位ㄨㄟˋ乘ㄔㄥˊ客ㄎㄜˋ都ㄉㄡ戴ㄉㄞˋ上ㄕㄤˋ了ㄌㄜ˙「磁ㄘˊ力ㄌㄧˋ眼ㄧㄢˇ鏡ㄐㄧㄥˋ」
準ㄓㄨㄣˇ備ㄅㄟˋ看ㄎㄢˋ看ㄎㄢˋ接ㄐㄧㄝ下ㄒㄧㄚˋ來ㄌㄞˊ會ㄏㄨㄟˋ發ㄈㄚ生ㄕㄥ什ㄕㄜˊ麼ㄇㄜ˙事ㄕˋ。

「這些箭頭是地球的磁場。」

透過磁力眼鏡觀察，
地球上出現一條條箭頭。

哇！帶電粒子們被地球磁場引導到其他地方。

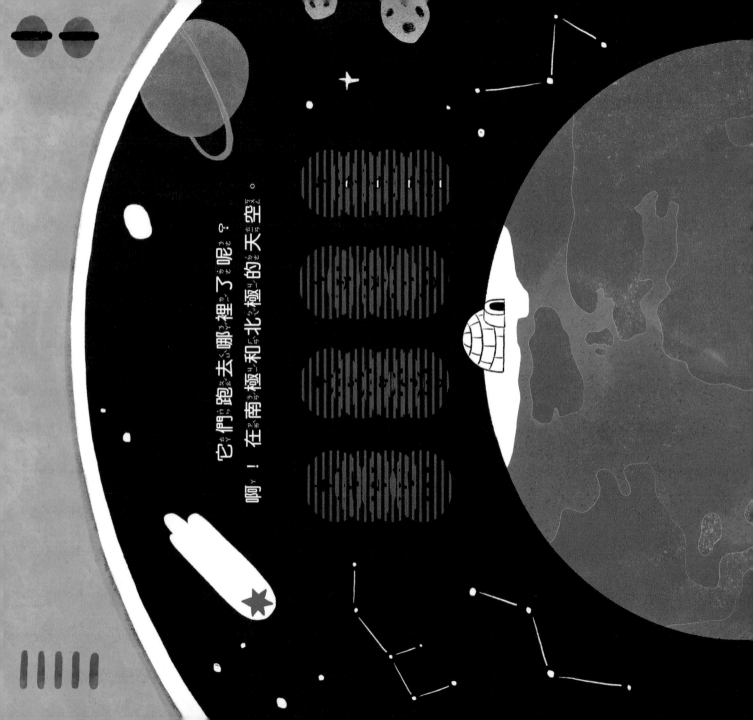

啊！在南極和北極的天空。

它們跑去哪裡了呢？

我們往北極的方向飛過去吧。
越往北邊移動，天氣越顯得寒冷。

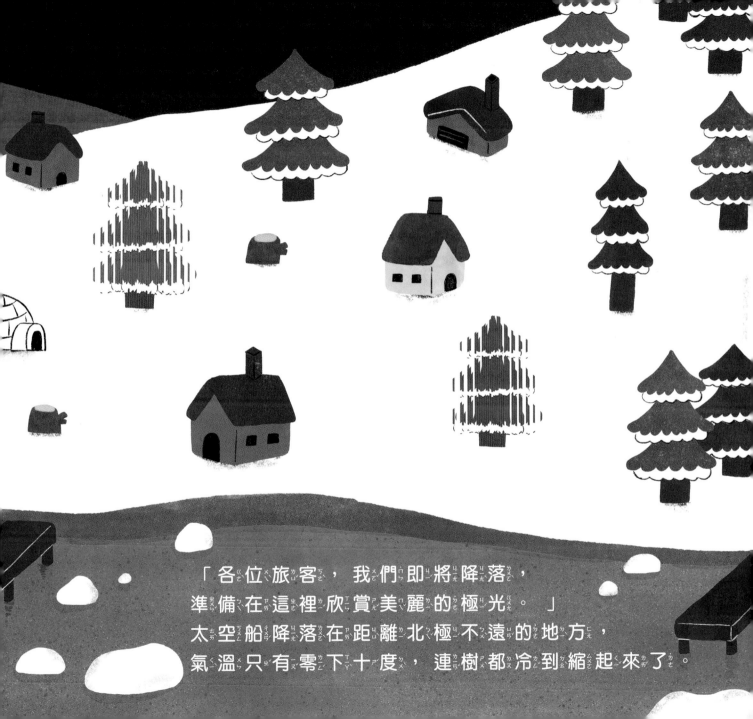

「各位旅客，我們即將降落，
準備在這裡欣賞美麗的極光。」
太空船降落在距離北極不遠的地方，
氣溫只有零下十度，連樹都冷到縮起來了。

大家在雪地上望著夜空。
來了來了，帶電粒子們要降落了。
它們來到地球的上空，撞擊到大氣，
放射出紅色、黃色和綠色的光芒。

五顏六色的光漸漸佈滿夜空，
尤其綠色的光芒最耀眼。

聽海獺機長說，在這光芒之中，
會誕生美麗的極光精靈。

極光精靈出現了！

「從太陽吹過來的帶電粒子，
被地球磁場趕到南北極的天空，
產生絢爛的極光。」

極光精靈飛到乘客們的面前，
一個熟悉的身影來到嘿太身旁。

「謝謝你拯救了我，
讓我可以自由的
在天空跳舞。」

極光精靈牽起乘客們的手，
朝向夜空中飛去。

大家在夜空中跳起了舞。
嘿太好快樂，好開心。

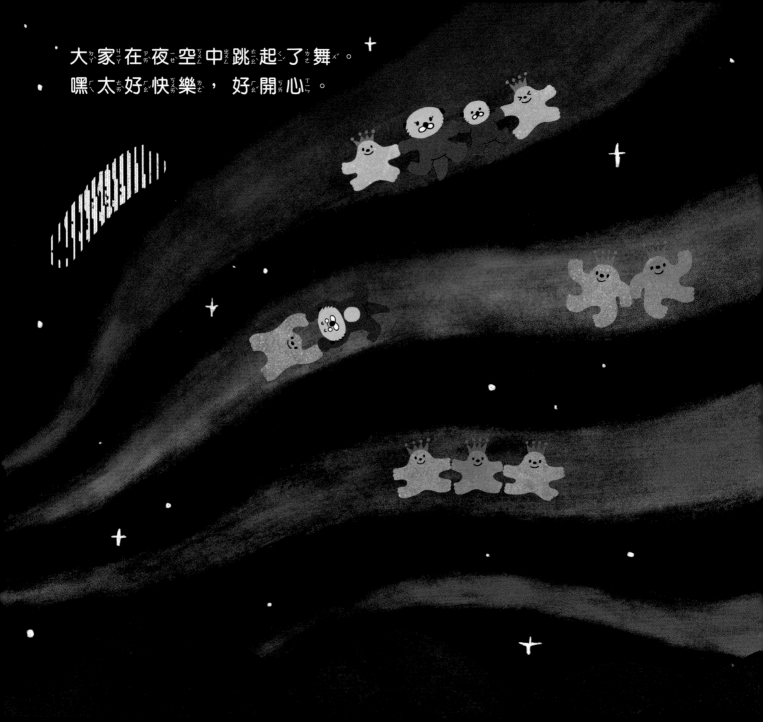

旅程的最後，
嘿太向極光精靈道別，
回到了溫暖的家。

「嘿ㄟ太ㄊㄞ！ 起ㄑㄧˇ床ㄔㄨㄤˊ囉ㄌㄛ！ 」

早ㄗㄠˇ晨ㄔㄣˊ的ㄉㄜ陽ㄧㄤˊ光ㄍㄨㄤ
灑ㄙㄚˇ在ㄗㄞˋ嘿ㄟ太ㄊㄞ的ㄉㄜ房ㄈㄤˊ間ㄐㄧㄢ。

故事裡的科學

● 海獺喜歡吃貽貝類食物，牠們會仰躺在海水上，把貽貝放在肚子上當作餐桌，使用石頭當作工具敲開外殼來進食。

● 海獺們喜歡手勾手一起躺在海水上睡覺，看起來相當溫馨可愛，其實原因是牠們怕睡覺的時候漂走，而且有同類作伴萬一發生危險可以一起面對。

● 國際自然保護聯盟瀕危物種紅色名錄（IUCN）紀錄著動植物保護狀況。其中海獺在全球的保護狀況是瀕危（EN）。讓我們一起保育海洋環境，讓可愛的海獺繼續生活在我們美麗的地球。

受威脅

EX　EW　CR　EN　VU　NT　LC

滅絕　野外滅絕　極危　瀕危　易危　近危　無危

太陽除了會放射出炙熱的陽光之外，還會放射出一群帶著電的微小粒子，而這就是「太陽風」。地球的磁場會把吹過來的太陽風引導到南北極，使地球不會直接遭受到這些帶電粒子的衝擊。

當帶電粒子撞擊到天空中的氣體分子，會發出光芒。被撞擊的氣體不同，發光的顏色也不一樣，例如氧原子被撞擊會發出最常見的綠色光以及橘紅色的光，氮分子則會發出暗紅色的光，在特殊的條件與高度下會看到罕見的藍光。

其他星球也會有極光嗎？當然！例如木星的磁場和地球一樣，會將吹過來的太陽風引導至南北極，與極區天空的大氣碰撞發出光芒，所以不只地球上看得到極光。

哪裡看得到極光呢？只要接近高緯度的地方就有機會看到美麗的極光，例如北半球的冰島、美國阿拉斯加、歐洲的挪威，以及南半球的澳洲……等等。想要看到極光除了地點很重要，天氣也是影響的關鍵喔！

掃描 QR-code
更多好玩的科學
等你來探索！

故事裡的彩蛋

- 嘿太的名字來自韓文海獺「해달」的發音。

- 機票上的航班號碼寫著 SO501，
  SO 是海獺航空 Sea Otter Airline 的縮寫。

- 海獺機長戴著墨鏡是因為他想遮住黑眼圈。

- 火箭上的「WASA」標誌是「Wild Animal Space Administration
  野生動物太空總署」的縮寫。
  在系列作《小浣熊想抓住光》中的狐狸先生就是裡面的成員之一。

- 有隻獨角鯨跟著海獺們一起參加極光之旅，
  但是他沒有和海獺們一起「回去」，因為獨角鯨的家就在北極。

- 有個極光精靈跟著嘿太一起回家了。

- 在報到登機的畫面中，某隻海獺的氣球飛走了。
  不用擔心，你可以在最後一頁找到它。

小海獺的極光之旅

/ 科學繪館 02

作　　　者	王均豪
編　　　輯	HaoHao、陳思蓉
繪　　　者	Dabibi
封 面 設 計	Dabibi、許惠淇
排 版 設 計	陳瑩慈
審　　　訂	張彣鈺
出　版　者	大樹林出版社
登 記 地 址	新北市中和區中山路 2 段 530 號 6 樓之 1
通 訊 地 址	新北市中和區中正路 872 號 6 樓之 2
電　　　話	(02) 2222-7270
傳　　　真	(02) 2222-1270
網　　　站	www.gwclass.com
繪 本 官 網	haohao.chung@msa.hinet.net
E-mail	notime.chung@msa.hinet.net
Facebook	www.facebook.com/bigtreebook

總 經 銷	知遠文化事業有限公司
地　　址	222 深坑區北深路三段 155 巷 25 號 5 樓
電　　話	(02) 2664-8800
初　　版	2022 年 10 月

定價：320 元／港幣：107 元
ISBN / 978-626-96312-1-6

國家圖書館出版品預行編目 (CIP) 資料

小海獺的極光之旅 / 王均豪文；Dabibi 圖. --
初版. -- 新北市：大樹林出版社，2022.09
面；　公分. -- (科學繪館；2)
ISBN 978-626-96312-1-6 (精裝)

1.CST: 極光　2.CST: 繪本
323.17　　　　　　111011907